Юрий Лобоцкий
Валерий Хмара

Технологическое проектирование систем отбора и доставки проб на анализ

Юрий Лобоцкий
Валерий Хмара

Технологическое проектирование систем отбора и доставки проб на анализ

LAP LAMBERT Academic Publishing

Impressum / **Выходные данные**

Bibliografische Information der Deutschen Nationalbibliothek: Die Deutsche Nationalbibliothek verzeichnet diese Publikation in der Deutschen Nationalbibliografie; detaillierte bibliografische Daten sind im Internet über http://dnb.d-nb.de abrufbar.

Библиографическая информация, изданная Немецкой Национальной Библиотекой. Немецкая Национальная Библиотека включает данную публикацию в Немецкий Книжный Каталог; с подробными библиографическими данными можно ознакомиться в Интернете по адресу http://dnb.d-nb.de.

Coverbild / Изображение на обложке предоставлено: www.ingimage.com

Verlag / Издатель:
LAP LAMBERT Academic Publishing
ist ein Imprint der / является торговой маркой
OmniScriptum GmbH & Co. KG
Heinrich-Böcking-Str. 6-8, 66121 Saarbrücken, Deutschland / Германия
Email / электронная почта: info@lap-publishing.com

Herstellung: siehe letzte Seite /
Напечатано: см. последнюю страницу
ISBN: 978-3-659-28785-5

Оглавление.

Введение.

Как показывает опыт качество выпускаемой продукции, а соответственно и ход технологических процессов, на обогатительных и металлургических предприятиях в основном зависят от качества перерабатываемого сырья и от оптимального управления всех основных и вспомогательных технологических процессов. Оптимальное управление качественным составом выпускаемой продукции, а также сбрасываемых в водоемы и в атмосферу вредных веществ возможно только с помощью интегрированных взаимосвязанных автоматизированных систем управления (АСУ) как отдельными технологическими процессами, так и предприятием в целом. В большинстве случаев источником объективной аналитической информации о химическом составе исходного сырья, промежуточных продуктов, готовой продукции и отвальных хвостов, необходимой для нормального функционирования таких АСУ, являются автоматизированные системы аналитического контроля (АСАК) [1].

Процесс оперативного получения информации о химическом составе исходного сырья, промежуточных продуктов, готовой продукции и отвальных хвостов на обогатительных фабриках и металлургических заводах в требуемом объеме и с достаточной точностью необходимо рассматривать как технологический процесс, в котором максимально учтены факторы, влияющие на полноту, своевременность и достоверность получаемых результатов измерений.

Объектом управления и источником информации для АСАК обогатительного и металлургического производства является проба, которая может быть представлена твердыми, пульповыми или жидкими продуктами. Путем многочисленных преобразований осуществляется перевод содержащейся в пробе необходимой потребителю информации в доступную для её дальнейшего использования форму [2,3]. В зависимости от типа опробуемого технологического продукта, его расходных характеристик и, в основном, расстояний от мест отбора представительных технологических проб до места

3

их централизованного аналитического контроля используют пневматическую контейнерную или бесконтейнерную доставку проб на инструментальный анализ. Типовая алгоритмическая цепь отбора представительных разовых проб, составления усредненной пробы, скоростной доставки проб к месту централизованного контроля и предварительной подготовки доставленной пробы к инструментальному анализу представлена на рис. 1.

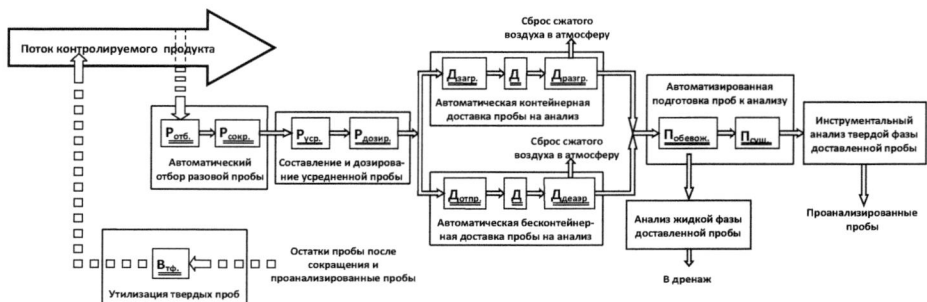

Рис. 1. *Алгоритмическая цепь отбора представительных разовых проб, составления усредненной пробы, скоростной доставки проб к месту централизованного контроля и предварительной подготовки к инструментальному анализу доставленных проб.*

Все операции, выполняемые в АСАК, взаимосвязаны и представляют собой алгоритмические цепи, построенные с целью оптимизации всех процессов получения оперативной аналитической информации.

В приведенном рисунке приняты следующие обозначения:

$\underline{P_{отб.}}$ – оператор отбора разовой пробы;

$\underline{P_{сокр.}}$ – оператор сокращения разовой пробы;

$\underline{P_{уср.}}$ – оператор усреднения ряда разовых проб;

$\underline{P_{доз.}}$ – оператор дозирования усредненной пробы;

$\underline{Д_{загр.}}$ – оператор загрузки усредненной пробы в транспортный контейнер;

$\underline{Д_{отпр.}}$ – оператор отправки усредненной пробы;

4

$\underline{\underline{Д}}$ – оператор доставки усредненной пробы на анализ;

$\underline{\underline{Д_{разгр.}}}$ – оператор разгрузки из транспортного контейнера доставленной на анализ пробы;

$\underline{\underline{Д_{деаэр.}}}$ – оператор приема и деаэрации усредненной пробы;

$\underline{\underline{П_{обезвож}}}$ – оператор обезвоживания доставленной на анализ пробы;

$\underline{\underline{П_{суш}}}$ – оператор сушки доставленной на анализ пробы;

$\underline{\underline{В_{тф}}}$ – оператор возврата твердой фазы доставленной на анализ пробы.

Методы отбора и подготовки проб монометаллических и полиметаллических руд и концентратов тяжелых цветных металлов, поставляемых для обогащения и металлургической переработки на предприятия цветной металлургии и другие отрасли промышленности определены стандартом «Руды и концентраты цветных металлов. Отбор и подготовка проб для химического анализа» [4].

Теоретически и экспериментально установлено, что оптимальное решение задачи аналитического контроля технологических продуктов непрерывных или дискретно – непрерывных технологических процессов возможно путем использования автоматических систем контейнерной или бесконтейнерной доставки проб на анализ [5,6]. Однако наибольшее распространение вследствие своей универсальности получили системы автоматической пневматической контейнерной доставки проб на анализ.

Использование этих систем автоматического отбора и доставки проб на анализ предполагает применение специализированного оборудования.

1. Оборудование для автоматического отбора и подготовки к отправке на анализ проб технологических продуктов.

Автоматические пробоотборники, обеспечивающие автоматический отбор представительных разовых проб из опробуемого технологического потока и удовлетворяющие следующим требованиям [7]:

- пересечение потока опробуемого материала пробоотсекающим устройством должно происходить через равные промежутки времени с постоянной скоростью и охватывать за одно перемещение все сечение опробуемого технологического потока;

- скорость пересечения опробуемого технологического потока пробоотсекающим устройством должна исключать отбрасывание отдельных частиц опробуемого материала за пределы емкости пробоотборника;

- емкость пробоотсекающего устройства должна быть на 20 – 25% больше объема разовой пробы за одну отсечку, а ширина щели пробоотсекающего устройства должна быть не менее трехкратного размера максимальных кусков опробуемого материала;

- отобранная разовая проба не должна содержать посторонних механических включений, способных забивать узлы разгрузки и последующей загрузки отобранной разовой пробы;

- отобранная разовая проба должна свободно и без остатка самотеком сливаться из емкости пробоотсекающего устройства в автоматический пропорциональный сократитель отобранной разовой пробы.

Автоматический пропорциональный сократитель отобранной разовой пробы, обеспечивающий автоматическое пропорциональное сокращение каждой отобранной разовой пробы и удовлетворяющий следующим требованиям [8]:

- полезный объем автоматического пропорционального сократителя должен быть больше объема отобранной разовой пробы ;

- постоянство коэффициента сокращения объема разовой пробы при всех возможных изменениях характеристик опробуемого технологического потока;

- избыток разовой пробы после её сокращения должен без остатка самотеком возвращаться в технологический агрегат или в автоматический пробоотборник;

- сокращенная разовая проба должна без остатка самотеком передаваться в автоматический смеситель разовых проб с функцией дозирования усредненной пробы.

Автоматический смеситель разовых проб с функцией дозирования усредненной пробы, обеспечивающий автоматическое усреднение ряда последовательно отобранных разовых проб в течение заданного интервала времени, автоматическое дозирование усредненной пробы, автоматический сброс остатков усредненной пробы в технологический процесс и удовлетворяющий следующим требованиям [8]:

- полезный объем смесителя разовых проб должен обеспечить прием без перелива всех разовых проб, отобранных в течение заданного интервала времени,

- автоматическое тщательное усреднение всех отобранных в течение заданного интервала времени разовых проб;

- автоматический сброс в технологический агрегат остатка (после дозирования) усредненной пробы;

- автоматическое дозирование усредненной пробы и передача самотеком дозированного объема усредненной пробы в станцию автоматической загрузки проб в транспортный контейнер системы автоматической пневматической контейнерной доставки проб на анализ или в блок отправки на анализ усредненной пробы при бесконтейнерной доставке проб на анализ.

Перечисленное выше оборудование для автоматического отбора и подготовки к отправке на анализ проб технологических продуктов работает в непрерывном режиме и управляется от собственных систем управления.

Основные конструктивные особенности и технические характеристики рассмотренных выше устройств подробно рассмотрены в монографии [8]. В этой же монографии также подробно рассмотрено оборудование для бесконтейнерной доставки усредненных проб на анализ.

2. Оборудование для систем автоматической контейнерной доставки проб на анализ.

Станция автоматической загрузки проб в транспортный контейнер, обеспечивающая автоматическую загрузку усредненной пробы в транспортный контейнер, его отправку к месту анализа пробы и удовлетворяющая следующим требованиям [9]:

*	автоматический прием порожнего транспортного контейнера, отправленного из химической лаборатории или ОТК;

* автоматический перевод порожнего транспортного контейнера под загрузку;

* автоматическая загрузка в транспортный контейнер подготовленной к отправке усредненной пробы;

* автоматическая отправка груженого транспортного контейнера на анализ в химическую лабораторию или ОТК.

Станция автоматической разгрузки доставленной пробы из транспортного контейнера, обеспечивающая автоматическую разгрузку из транспортного контейнера доставленной на анализ усредненной пробы и удовлетворяющая следующим требованиям [9]:

* автоматический прием доставленного груженого усредненной пробой транспортного контейнера;

* автоматический перевод доставленного груженого транспортного контейнера под разгрузку;

* автоматическая разгрузка из транспортного контейнера доставленной усредненной пробы;

* автоматическая отправка порожнего транспортного контейнера под загрузку в станцию автоматической загрузки проб в транспортный контейнер;

* автоматический вывод из системы транспортного контейнера и ввод в систему нового транспортного контейнера.

Автоматический распределитель проб, обеспечивающий автоматическую сортировку доставляемых одноименных проб, но отбираемых из двух (работающих поочередно или параллельно) технологических агрегатов, и удовлетворяющий следующим требованиям:

* автоматический перевод необходимого (один из двух) приемного лотка под устройство разгрузки проб из транспортного контейнера;

* автоматический перевод загруженного доставленной пробой приемного лотка в положение – «Вывод лотка из устройства».

Транспортный контейнер, обеспечивающий надежную загрузку и разгрузку отобранной пробы и удовлетворяющий следующим требованиям:

* полезный объем должен быть не менее чем на 20% больше дозированного объема усредненной пробы, отправляемой на анализ;

* загрузочный и разгрузочный клапаны транспортного контейнера должны иметь одинаковую конструкцию и использовать одинаковые принципы их открытия и закрытия;

* полость контейнера и механизмы закрытия клапанов должны обеспечивать свободное и полное опорожнение доставляемой на анализ пробы;

* конструкция должна обеспечивать автоматическую загрузку и разгрузку доставляемой пробы с обоих концов транспортного контейнера.

Автоматические стрелочные переводы, обеспечивающие автоматическое составление маршрута для доставки в станцию автоматической разгрузки проб из транспортного контейнера груженого транспортного контейнера и возврата в станцию автоматической загрузки проб в транспортный контейнер порожнего транспортного контейнера и удовлетворяющие следующим требованиям [9]:

* автоматический перевод движущегося транспортного контейнера из одного из нескольких транспортных трубопроводов (два или четыре) в один транспортный трубопровод;

* автоматический перевод движущегося транспортного контейнера из одного транспортного трубопровода в один из нескольких (два или четыре) транспортных трубопроводов.

Автоматический перепускной клапан, обеспечивающий герметизацию трассы доставки транспортного контейнера от одного устройства системы к другому и сброс транспортирующего сжатого воздуха при подлете транспортного контейнера к устройству системы при его перемещении и удовлетворяющий следующим требованиям [9]:

* автоматическая герметизация трассы доставки транспортного контейнера от места его отправки до места его приема;

* автоматический сброс в атмосферу транспортирующего сжатого воздуха после доставки транспортного контейнера к месту назначения.

В системе пневматической контейнерной доставки проб на анализ на каждом участке транспортного трубопровода (между двумя смежными устройствами системы) устанавливается по два перепускных клапана, работающих синфазно (один открыт, а другой закрыт).

Трассы пневматической доставки проб на анализ используют цельнотянутые бесшовные тонкостенные трубы с внутренним диаметром от 70 до 120 мм и в комплекте с автоматическими перепускными клапанами и автоматическими стрелочными переводами обеспечивают:

* автоматическое составление оптимального маршрута доставки груженого усредненной пробой транспортного контейнера к месту её инструментального контроля;

* автоматический возврат в станцию загрузки пробы порожнего транспортного контейнера.

Система отбора и доставки проб на анализ представляет собой последовательную взаимосвязанную цепь технических средств, совокупность которых позволяет организовать оптимальную структуру системы автоматического отбора представительных проб и доставки их на анализ [10]. Конструкция и алгоритмы функционирования технических средств системы обеспечивают выполнение всех перечисленных выше функций, совершая в основном линейные возвратно – поступательные перемещения отдельных механизмов относительно друг друга. Так как этих технических средств в системе достаточно много и они, как правило, территориально размещены в разных производственных цехах и подразделениях, необходимо при выборе типов устройств для линейного перемещения узлов и механизмов, источников используемой энергии, способов управления этими устройствами и т.п. использовать *аппарат системного анализа*. Методы системного анализа сложных прикладных объектов исследований позволяют оптимизировать номенклатуру используемых технических средств и их основных узлов и механизмов, а также эффективность их взаимосвязанного функционирования, и повысить надежность и качество создаваемой системы.

Применение методов системного анализа при разработке системы отбора и доставки проб на анализ позволяет учитывать множество факторов, оказывающих совместное влияние на работоспособность системы. Это позволяет создать именно ту систему качества, которая обеспечивает наилучшие показатели не только конечного результата функционирования системы, но и всех стадий процессов отбора представительных проб, их доставки и предварительной подготовки к анализу.

Предприятия флотационного обогащения руд и минералов и металлургической переработки концентратов относятся к объектам с потенциально вредными условиями производства, где могут постоянно или временно присутствовать потенциально опасные вещества. В связи с этим, при выборе типов устройств для линейного перемещения механизмов, предпочтение отдано пневматическим цилиндрам фирмы Камоцци, обеспечивающим полную безопасность обслуживающего персонала и окружающей среды. Многие операции, которые прежде были ручными, с помощью пневматических цилиндров выполняются полностью автоматизированным оборудованием, соответствующим самым строгим стандартам в области безопасности и охраны окружающей среды [11].

Учитывая выше изложенное, для обеспечения возвратно – поступательных перемещений механизмов и отдельных узлов устройств системы целесообразно использовать бесштоковые двусторонние магнитные цилиндры с демпфированием. Они обладают следующими достоинствами: компактность, широкий диапазон хода каретки, возможность подвода сжатого воздуха в обе полости с одной стороны, простое определение положения поршня с помощью магнитных датчиков, устанавливаемых в пазы корпуса цилиндра. В некоторых случаях могут также использоваться и компактные двусторонние магнитные цилиндры различных серий [11].

Для надежной работы оборудования с пневматическими приводами исключительно важна качественная подготовка сжатого воздуха, так как загрязнения, присутствующие в используемом сжатом воздухе, оказывают физическое, химическое и электролитическое воздействие на пневматические устройства, чем снижают их долговечность в несколько раз.

Исключительно вредным является попадание в пневматические системы отработанного компрессорного масла, так как выделяющиеся из масла смолистые вещества приводят к выходу оборудования из строя, а твердые частицы могут способствовать повреждению сопряженных поверхностей. Другой проблемой является вода. При большом содержании влаги в сжатом воздухе может происходить растворение и вынос консистентной смазки, заложенной в распределителях и цилиндрах. Поэтому непосредственно перед пневматическим оборудованием необходимо устанавливать модульные блоки подготовки воздуха, включающие фильтры, отделители масла и влаги. Они надежно отделяют из потребляемого сжатого воздуха твердые частицы и позволяют практически полностью избавиться от воды и масла в потребляемом сжатом воздухе даже при существенных колебаниях его расхода. Особый интерес представляет устройство отвода конденсата, в котором слив конденсата осуществляется при малом перепаде давления, то есть при каждом срабатывании пневматической системы. При циклических падениях расхода используемого сжатого воздуха (что характерно для рассматриваемых систем отбора представительных проб, их доставки и предварительной подготовки к анализу) наилучшим решением является применение коалесцентных фильтров. Принцип действия коалесцентных фильтров основан на эффекте коалесцеции – слияние мельчайших капель влаги на специальном материале фильтрующего элемента. Коалесцентные фильтры объединяют в себе достоинства фильтров тонкой очистки и систем удаления влаги. Они надежно отсеивают частицы размерами от 0,01 мкм и позволяет практически полностью избавиться от влаги в линиях доставки сжатого воздуха даже при существенных колебаниях его расхода.

Для управления подачи используемого сжатого воздуха в цилиндры используются односторонние клапаны и распределители с электропневматическим управлением постоянным током напряжением 24В. В необходимых случаях могут быть использованы пневматические дроссели, а также реле давления и вакуума.

Для присоединения пневматических трубок с внешним диаметром от 3 до 8 мм используются быстроразъемные цанговые соединения с самозапиранием, позволяющие многократно производить присоединение и разъединение трубки вручную без использования специальных инструментов.

В качестве датчиков положения каретки или поршня пневматических цилиндров используются магнитные датчики положения. Под воздействием магнитного поля поршня замыкается внутренний контакт датчика, и электрический сигнал выдается в цепь электрической катушки клапана. О замыкании контакта информирует светодиод желтого цвета. Датчики устанавливаются в канавки на корпусе цилиндра без специальных приспособлений. Срабатывание нормально разомкнутых контактов датчика происходит при достижении определенной напряженности магнитного поля при приближении постоянного магнита, закрепленного на поршне пневматического цилиндра.

В некоторых устройствах для создания необходимого вакуума могут быть использованы вакуумные эжекторы без подвижных частей, работа которых основана на принципе Вентури, способных надежно создавать достаточно глубокий вакуум для большинства промышленных задач.

3. Особенности автоматического технологического проектирования систем автоматического отбора и доставки проб на анализ

Как было показано выше любая система автоматического отбора представительных разовых проб и пневматической доставки усредненной пробы на инструментальный анализ включает в себя необходимые и адаптированные к конкретным технологическим условиям средства для:

- автоматического отбора разовых проб;

- автоматического пропорционального сокращения отобранных разовых проб;

- усреднения в течение определенного времени ряда последовательно отобранных разовых проб;

- дозирования необходимого объема полученной усредненной пробы перед её отправкой на инструментальный анализ;

- автоматическая загрузка в транспортный контейнер дозированного объема усредненной пробы;

- собственно доставки усредненной пробы на анализ;

- разгрузка из транспортного контейнера доставленной на анализ усредненной пробы;

- автоматический возврат в станцию загрузки пробы порожнего транспортного контейнера.

К существенным особенностям автоматизации технологического проектирования систем автоматического отбора и доставки проб на анализ необходимо отнести:

- выбор оптимального способа доставки проб на анализ (контейнерный или бесконтейнерный);

- выбор оптимального диаметра транспортного трубопровода для системы пневматической контейнерной доставки усредненных проб на анализ;

- выбор необходимых технических средств (типы и количество) для обеспечения автоматического отбора и доставки проб на анализ;

- выбор оптимальной топологии системы автоматического отбора и доставки проб на анализ;

- разработка и моделирование алгоритмов автоматического управления комплексом технических средств системы автоматического отбора и доставки проб на анализ;

- разработка алгоритмического и программного обеспечения системы автоматического отбора и доставки проб на анализ;

- разработка системы автоматизированной диагностики работоспособности системы автоматического отбора и доставки проб на анализ;

- интеграция конструкторско – технологических задач в общую архитектуру автоматизированной проектно - производственной среды предприятия;

- зонирование ответственности по этапам жизненного цикла создаваемой системы автоматического отбора и доставки проб на анализ.

Реализация данных требований предполагает интеграцию разнородной информации в рамках создаваемой САПР, для чего необходима автоматизация всех этапов проектирования на единой концептуальной, алгоритмической и программной основе. Технологическое проектирование включает в себя всю совокупность видов проектной деятельности, на входе которой находится согласованная с Заказчиком модель системы автоматического отбора и доставки проб на анализ, разработанная на основе утвержденного технического задания на проектирование и полученных от Заказчика необходимых исходных данных, а на выходе – конструкторская и проектная документация, соответствующая заданным технико-экономическим показателям. На основании этих документов могут и должны быть изготовлены, смонтированы и введены в постоянную промышленную эксплуатацию технические и программно-алгоритмические средства системы автоматического отбора и доставки проб на анализ.

Следовательно, основными задачами автоматического технологического проектирования системы автоматического отбора и доставки проб на анализ являются разработка комплекта технической документации, а целью - сокращение времени на технологическое проектирование, повышение качества принятых проектных решений и минимизация влияния субъективного фактора на результаты проектирования. Для достижения данных целей необходимо разработать и реализовать параллельную стратегию конструкторского и технологического проектирования, что может быть достигнуто путем использования объектных структурно-атрибутивных моделей (ОСАМ) высокого уровня абстракции, которые на эскизном уровне информационного представления включают в себя конструкторские и технологические аспекты. Включение в них технологических аспектов позволяет формировать наборы моделей в пространстве эскизных координат, соответствующих технологическим условиям конкретного предприятия и критериям промышленного производства технических средств системы автоматического отбора и доставки проб на анализ. Это эквивалентно переносу значительного объема проектных работ с этапа рабочего проектирования на этап эскизного проектирования с использованием высокоэффективных специализированных САПР.

Необходимо отметить, что существующие САПР имеют ряд ограничений, которые не позволяют в должной мере учитывать отмеченные выше особенности автоматизации технологического проектирования систем автоматического отбора и доставки проб на анализ. Эти ограничения не позволяют в должной мере реализовать современные повышенные требования, предъявляемые к системам автоматического отбора представительных разовых проб и пневматической доставки усредненных проб на инструментальный анализ. К ним можно отнести:

- существующее моделирование в пространстве исполнительных координат не позволяет исключить субъективный фактор и обнаружить ошибки на ранних стадиях проектирования, т.е. до начала изготовления изделий;

21

- из–за отсутствия средств для отображения структурно-функциональных свойств системы автоматического отбора представительных разовых проб и пневматической доставки усредненной пробы на инструментальный анализ нет возможности выполнять структурно-логический анализ конструкции технических средств системы, что предопределяет необходимость ввода дополнительного уровня в системе контроля качества проектирования;

- отсутствие формальных средств контроля внесенных ошибок при изменении конструкций ранее разработанных изделий.

Этим во многом объясняется тот факт, что в существующих САПР не решены проблемы комплексной проработки технологических проектных операций и обеспечения высокой степени безошибочности всех принимаемых проектных решений.

Одним из перспективных направлений является использование концепции безошибочного проектирования и производства, основанной на переносе максимально возможного объема конструкторско - технологических работ на более высокие уровни абстракции с организацией на каждом из них формальных процедур контроля корректности принимаемых проектных решений. Использование высокоуровневых ОСАМ, позволяющих на этапе конструирования перерабатывать обширный объем предметной информации об объектах проектирования, является основой для выполнения последующих этапов проектирования систем автоматического отбора и пневматической доставки проб на анализ с высокой степенью автоматизации и безошибочности.

На рис. 2 показана общая структура технологического проектирования системы автоматического отбора и пневматической доставки проб на анализ в контексте информатизации проектно-производственных этапов её жизненного цикла. Она позволяет обеспечивать параллельное выполнение различных процессов:

- разработка проекта трасс доставки проб на анализ,

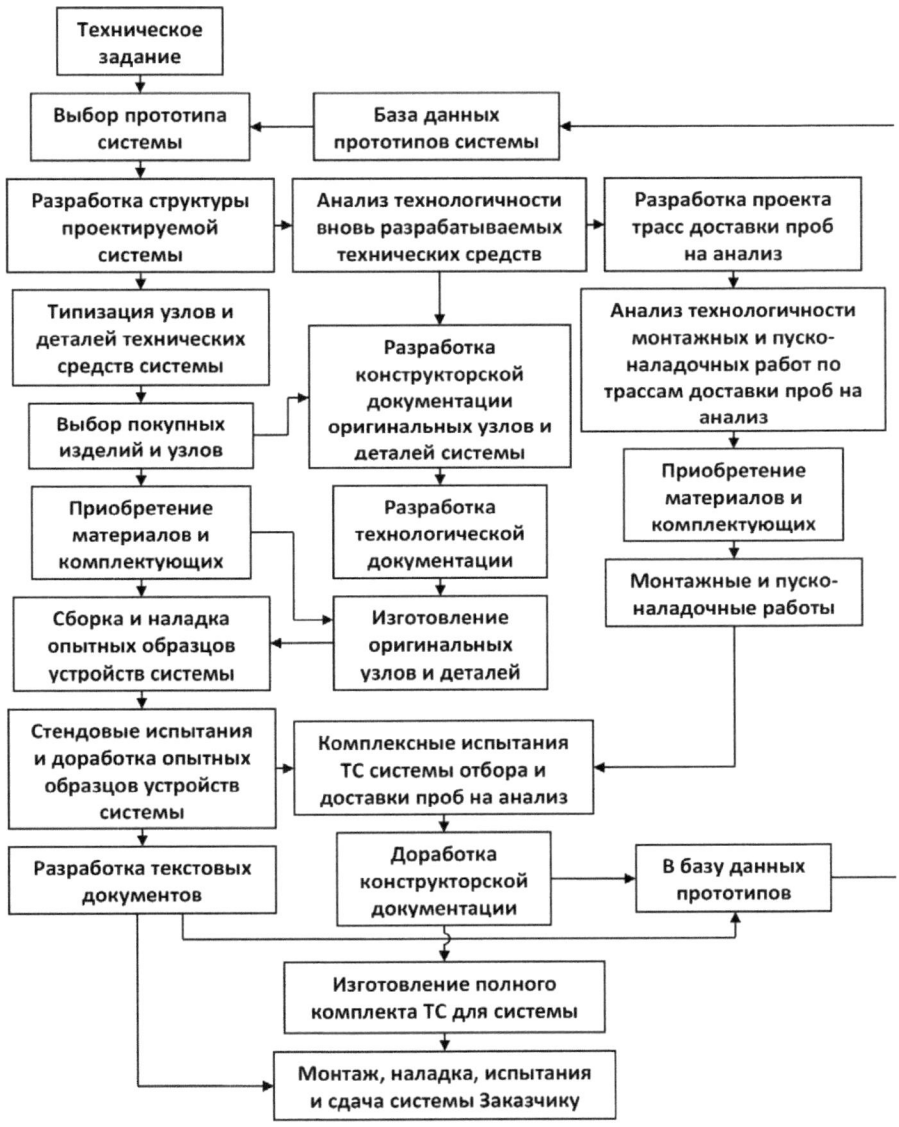

Рис.2. Общая структура технологического проектирования системы автоматического отбора и пневматической доставки проб на анализ.

- разработка проектов привязки выбранных технических средств автоматического отбора представительных разовых проб к действующему технологическому оборудованию,

- типизация узлов и деталей для технических средств отбора и доставки проб на анализ,

- приобретение комплектующих изделий и материалов,

- разработка конструкторской документации на оригинальные детали комплекса технических средств отбора и доставки проб на анализ,

- изготовление вновь разработанных оригинальных узлов и деталей системы отбора и доставки проб на анализ,

- проведение стендовых испытаний опытных образцов технических средств системы отбора и доставки проб на анализ,

- комплексные испытания и сдача Заказчику системы отбора и доставки проб на анализ,

- передача вновь разработанной конструкторской, текстовой и проектной документации в базу данных САПР.

Для автоматизации технологического проектирования системы автоматического отбора и пневматической доставки проб на анализ наиболее подходящим является итерационный многоуровневый метод, при котором весь процесс разделяется на несколько (обычно три) взаимосвязанных уровня, характеризующихся последовательным возрастанием степени детализации принимаемых решений: $P = P_p \cup P_m \cup P_o; P_P \subset P_m \subset P_o$, где P_p - принципиальный уровень, на котором разрабатывается общая структурная схема проектируемой системы; P_m – маршрутный уровень, на котором проектируется маршрут разработки документации и порядок изготовления технических средств системы и определяется их соответствие требованиям технической документации, P_o – операционный уровень, на котором детализируются переходы по каждой операции и формируется полный комплект конструкторской и текстовой документации, который передается в базу данных прототипов сифтемы.

Инфологическое представление модели *i*-ой проектной операции технологического проектирования, инвариантное к уровню абстрагирования, формально описывается зависимостью:

$$M_i = \{I_i(X), A_i(X), S_i(X, Y), R_i(X, Y), O_i(Y)\},$$

где $I_i(X)$ – входной информационный поток; $A_i(X)$ – алгоритм реализации проектной операции; $S_i(X,Y)$ – множество функциональных отношений; $R_i(X,Y)$ - множество ограничений проектной операции; $O_i(Y)$ – выходной информационный поток.

Технологическое проектирование системы автоматического отбора и пневматической доставки проб на анализ представляет собой итеративно-рекурсивный процесс последовательного преобразования информации об объекте проектирования в совокупности с различными видами справочной, дополнительной и вспомогательной информации. Он может быть описан в терминах информационных потоков *I,* включающих в себя модели объекта проектирования *(Mod)* и документы *(Dok)*: $I \subseteq Mod \cup Dok$. На каждом этапе технологического проектирования оба множества подвергаются сложным функциональным преобразованиям, которые последовательно уточняют описание объекта проектирования, и формально представляются функциями преобразования:

$$F \subseteq F_{\partial \to \partial} \cup F_{m \to m} \cup F_{m \to \partial} \cup F_{\partial \to m},$$

где $F_{\partial \to \partial}$ - функции взаимного преобразования документов; $F_{m \to m}$ - функции взаимного преобразования моделей; $F_{m \to \partial}$ - функции преобразования моделей в документы; $F_{\partial \to m}$ - функции преобразования документов в модели.

Ключевой на этапе инжиниринга является задача преобразования эскизно-структурной модели системы автоматического отбора и пневматической доставки проб на анализ в операционную и структурно-атрибутивной модели – в маршрутную модели технологического процесса создания системы автоматического отбора и пневматической доставки проб на анализ. В общем случае при этом решаются задачи синтеза проектного решения, которые могут быть решены на одном из трех уровней: $U \subset U_1 \subseteq U_2 \subseteq U_3$, где U_1 – уровень конструктивной идентичности, на котором задача синтеза вырождается в поиск существующего аналога, полностью удовлетворяющего требованиям создаваемой системы; U_2 – уровень технологической идентичности, на котором применяются типовые (уже известные и проверенные) проектные решения; U_3 – уровень синтеза нового проектного решения.

На каждом уровне решается задача оценки и фильтрации вариантов в соответствии с определенными критериями, по результатам которой осуществляется переход на нижележащий уровень, либо возврат на один из вышележащих уровней. На практике эти два приема используются совместно. Поскольку $U_1 \subseteq U_2 \subseteq U_3$, целесообразно использовать именно эту последовательность их применения и переходить на более высокие уровни только после получения отрицательных результатов на предыдущих уровнях.

4. Концепция безошибочного проектирования и производства систем автоматического отбора и доставки проб на анализ.

Главной целью при автоматизации проектирования автоматических систем отбора и пневматической доставки проб на анализ (АСОПДП) является максимальное освобождение от субъективных ошибок при проектировании и в процессе производства отдельных устройств создаваемой системы. В основе концепции безошибочного проектирования и производства (БОПП) систем автоматического отбора и доставки проб на анализ лежит создание комплекса взаимосвязанных моделей высокого уровня абстракции, обладающих необходимой семантической избыточностью, отражающей закладываемые технические и технологические свойства создаваемого комплекса технических средств [12,13]. Эскизно-структурная, структурно-атрибутивная и графо - аналитическая модели, создаваемые в пространстве эскизных координат в совокупности с формализованными конструкторскими и технологическими требованиями и ограничениями (КТТО) образуют объектные структурно – атрибутивные модели (ОСАМ) высокого уровня абстракции, которые на эскизном уровне информационного представления разрабатываемого проекта включают в себя конструкторские и технологические аспекты и позволяют разработать методы и алгоритмы для автоматического выполнения алгоритмического контроля формирования исполнительных координат на этапе генерации геометрических моделей разрабатываемых технических средств (реинжиниринг прототипной модели).

Исходная информация для автоматизации задач технологического проектирования формируется на стадии конструирования технических средств разрабатываемой системы. Она представляет собой математическую модель объекта проектирования, которая в соответствии с концепцией БОПП, отражает всю совокупность аспектов, необходимых для реализации проектных и производственных операций рассматриваемого этапа жизненного цикла создаваемой системы автоматического отбора и доставки проб на анализ, а именно:

$$M_{OCAM} = \left(\bigcup_{i=1}^{N} \left(g_i \cup s_i \right) \right) \cup \left(\bigcup_{i=1}^{M} \bigcup_{k=1}^{L_j} \bigcup_{j=1}^{M} S_{i,k}^{j} \right) \cup \left(\bigcup_{\substack{i=1 \\ j \neq i}}^{N} \bigcup_{l=1}^{N} F_{i,j}^{1} \right) \cup \left(\bigcup_{i=1}^{N} \bigcup_{j=1}^{M} F_{i,j}^{2} \right) \cup \left(\bigcup_{k=1}^{P} f_k \right) \cup \left(\bigcup_{i=1}^{N} \bigcup_{j=1}^{M} \bigcup_{k=1}^{P} K_{i,j,k}^{t} \right)$$

где: N – количество функциональных элементов АСОПДП; M – количество уровней иерархической декомпозиции объекта проектирования; L_j – мощность множества структурных элементов j – го уровня декомпозиции объекта; P – количество внешних структурно – сопряженных связей объекта в рамках модели АСОПДП; $g_i = \left\{ g_i^{g}, g_i^{p}, g_i^{v} \right\}$ - вектор геометрических параметров i – го элемента, включающий габаритные размеры, координаты характеристических точек параметрических кривых, задающих форму деталей и параметры визуализации соответственно; $s_i = \left\{ s_i^{f}, s_i^{k}, s_i^{t} \right\}$ -вектор структурных параметров i – го элемента, состоящий из функциональных, конструктивных и технологических параметров соответственно; $S_{i,k}^{j}$ - вектор связей k – го структурного элемента i – го уровня декомпозиции с элементами других уровней; $F_{i,j}^{1}, F_{i,j}^{2}$ - внутренние сопряжения элементов объекта проектирования, относящихся к разным иерархическим уровням объекта и к различным элементам одного иерархического уровня соответственно; f_k – внешние сопряжения объекта в рамках модели АСОПДП; $K_{i,j,k}^{t}$ - КТТО, предъявляемые к объекту проектирования.

Переход к высокоуровневым моделям разделяет процесс проектирования АСОПДП на два относительно обособленных и параллельно выполняемых этапа: инжиниринг и реинжиниринг. На этапе инжиниринга формируется модель прототипа создаваемой АСОПДП, в которой учитываются требования утвержденного технического задания, данные о технологических возможностях предприятия – изготовителя оригинальных узлов, деталей и готовых изделий создаваемой системы, а также методы реструктуризации и контроля, подключаемые в разрабатываемую проектную документацию при переходе к исполнительным координатам. Это позволяет распространить необходимый объем знаний производственного уровня жизненного цикла проектируемой АСОПДП на потребительский уровень, закладывая основы безошибочности конструкторского и технологического проектирования системы.

Основой безошибочности проектирования является система КТТО, интегрированная с высокоуровневыми моделями этапа инжиниринга, которая формально представляется следующей группой компонентов:

$$K = K^k \cup K^t = \left\langle K_g, K_s, K_d, K_f, K_o, P, \Psi \right\rangle, \qquad (1)$$

где: K_g – ограничения, определяемые геометрией изделия; K_s – ограничения, определяемые структурой изделия; K_d – ограничения, определяемые конструкционными материалами; K_f – ограничения, определяемые элементами сопряжения; K_o – ограничения, определяемые технологическими процессами, условиями производства и используемым станочным оборудованием; P – предикатные символы, определенные на элементах информационного наполнения ОСАМ АСОПДП; ψ – функция формального отображения, которая ставит в соответствие любому предикатному символу $p \in P$ определенное значение из множества числовых параметров.

Каждый из компонентов системы КТТО разделяется на две непересекающиеся части $K_i = K_i^m \cup K_i^c$, где $i = \{g, s, d, f, o\}$, соответственно, регламентирующих и рекомендуемых ограничений. Поскольку функция ψ задает отношение порядка на множестве K, оно разделяется на N непересекающихся подмножеств по степени необходимости реализации того или иного ограничения:

$$K_i = \bigcup_{j=1}^{N} K_j, \forall i \in \{g, s, d, f, o\}. \qquad (2)$$

Безошибочность операции реинжиниринга достигается включением в ОСАМ множества методов $\Omega = \{\omega\}$, определяющих набор проектных решений $\Theta = \{\theta\}$, таких, что каждое из них задает точку модельного пространства АСОПДП, в котором удовлетворяются все элементы КТТО, т.е. все существующие предикаты получают значение истинности. Областью определения методов ω является совокупность свободных переменных $D = \subseteq G \cup S$ множества геометрических и конструктивно-технологических параметров.

В соответствии с (2) набор проектных решений может быть представлен в виде:

$$\Theta = \bigcup_{j=1}^{M} \Theta_j = \bigcup_{j=1}^{M} \left\{ \theta \mid \forall p \in P; \forall \omega \in \Omega : \omega(D) \in \bigcup_{s=1}^{L} K_s \right\}; L \leq N. \tag{3}$$

Имея значения L, можно генерировать следующие подмножества проектных решений $\Theta_{opt} \subseteq \Theta_p \subseteq \Theta_d \subseteq \Theta$, где: Θ_d – допустимое подмножество, удовлетворяющее регламентирующим КТТО высокого уровня, снятие действия которых нецелесообразно для предприятия на данном этапе его развития; Θ_p – приемлемое подмножество, для которого удовлетворяется максимальное количество регламентирующих ограничений более низкого уровня; Θ_{opt} – оптимальное подмножество с точки зрения соответствия КТТО, для которого выполняются рекомендуемые ограничения.

Система ограничений, построенная в соответствии с соотношением (1), нормирует выполнение проектных операций всего конструкторско-технологического цикла из жизненного цикла создаваемой системы, включая его прямую информационную стыковку с производственным циклом. Это предполагает выделение следующих уровней интеграции: учет технологических аспектов в процессе конструирования; автоматический синтез маршрутных технологий; автоматическое формирование исходных данных для оптимизации раскроя материалов по совокупности геометрических и технологических критериев; интеграция задач конструкторского и технологического проектирования с задачами управления проектными работами.

Учет технологических аспектов на этапе конструирования обеспечивает поступление на вход автоматизированной системы технологического проектирования моделей системы автоматического отбора и пневматической доставки проб на анализ в исполнительных координатах, безошибочных с точки зрения используемых технологических процессов. Для этого при инжиниринге прототипных моделей с каждым набором технологических параметров p ассоциируется функция применимости $F(p,B)$, которая, помимо p, зависит от набора сопряженных конструктивных элементов B. Реализация функций применимости осуществляется в автоматическом режиме на этапе реинжиниринга с формированием кода завершения операции. Алгоритмы вычислений значений $F(p,B)$ и реакции на коды завершения операции варьируются в зависимости от конкретного предприятия и определяются на этапе инжиниринга.

Автоматический синтез маршрутных технологий базируется на эскизно-структурном, графо-аналитическом и структурно-атрибутивном описании АСОПДП. Для этого в ходе инжиниринга формируется первичный структурированный граф $G_o(A_o,C_o)$, множество вершин которого A_o ассоциировано с элементами декомпозиции (изделиями) АСОПДП, а множество дуг C_o – с характером отношений между ними. В соответствии с ЕСКД при производстве АСОПДП используются следующие виды изделий: *покупные изделия* (D) – изделия не изготавливаемые на данном предприятии, а приобретаемые в готовом виде без какой либо доработки, *детали* (B) – изделия, изготовленные из однородного по наименованию и марке материала, *сборочные единицы* (S) – изделия, составные части которых подлежат соединению между собой на предприятии – изготовителе сборочными операциями и характеризующиеся своим индивидуальным функциональным назначением, *комплекс изделий* (F) –несколько специфицированных изделий, не соединенных между собой на предприятии – изготовителе сборочными операциями, но предназначенных для выполнения взаимосвязанных эксплуатационных функций. Для построения множества A_o используется система соподчиненных уровней, основанная на системе классификации АСОПДП и её элементов, в которой каждая вершина относится к одному из

31

четырех уровней: комплексы изделий (F), сборочные единицы (S), детали (B) и покупные изделия (D):

$$F = S \cup D';$$

$$S = \bigcup_{i=1}^{l} S_j; S_i = \left(\bigcup_{j=1}^{m} B_j \right) \cup \left(\bigcup_{k=1}^{n} D_k' \right);$$

$$B = \bigcup_{i=1}^{p} B_i; B_i = \left(\bigcup_{j=1}^{q} D_j \right) \cup \left(\bigcup_{k=1}^{s} D_k' \right);$$

$$D = \bigcup D' = \{d_1, d_2, ..., d_n\}; \; D \cap D' = \varnothing,$$

где: S – множество сборочных единиц в изделии F; B – множество деталей; D' – множество покупных изделий, не входящих в состав рассматриваемой сборочной единицы; D – множество покупных изделий, входящих в состав рассматриваемой сборочной единицы, d_i – покупное изделие, являющееся элементом множества D или D'.

Множество вершин графа G_o является полихроматическим, поскольку с каждым из указанных объектов сопоставляется формальный набор атрибутов. Для синтеза технологических процессов существенными атрибутами являются геометрические характеристики элемента, атрибуты материалов и технологические атрибуты элементов сопряжения.

Множество C_o формируется на основе выделенных с учетом функционально-структурных свойств АСОПДП типов отношений между элементами: вложенности, выравнивания, пропорциональности, симметрии, зеркальности и сопряжения. Для описания различных типов отношений между элементами АСОПДП в графе G_o выделяются подграфы с параллельными ребрами, каждый из которых имеет одинаковое количество вершин и различное количество ребер, отражающих свойства ассоциаций, присущих данному подграфу:

$$G_O = \bigcup_L G_L(A_O, C_L); L \in \{N, Q, S, I, M, P\} \tag{3}$$

где: N,Q,S,I,M,P – множества отношений вложенности, выравнивания, пропорциональности, симметрии, зеркальности и сопряжения между объектами.

В ходе реинжиниринга при добавлении нового конструктивного элемента АСОПДП его локальная система координат, с одной стороны, определенным образом связывается с системой координат модели, а с другой стороны – становится основой создания связей с последующими элементами. Это означает, что полученная модель в исполнительных координатах содержит всю необходимую информацию для автоматического синтеза маршрутной технологии, позволяя реализовать принципы параллельного проектирования для сокращения общего времени конструкторско-технологического этапа жизненного цикла АСОПДП.

Помимо этого, комплексный учет особенностей АСОПДП в ОСАМ, реализуя все указанные уровни интеграции конструкторско-технологического цикла, позволяют создать комплексную САПР для АСОПДП, которая функционирует на единой информационной базе и общей логике управления.

5. Параметрическое моделирование узлов и деталей устройств системы автоматической контейнерной доставки проб на анализ.

Известно, что для автоматической контейнерной доставки на анализ представительных проб технологических продуктов обогатительного и металлургического производств необходимо иметь довольно большой набор совместимых между собой технических средств. К ним относятся: транспортный контейнер с возможностью автоматической загрузки и выгрузки пробы; станция автоматической загрузки пробы в транспортный контейнер; станция автоматической разгрузки доставленной пробы из транспортного контейнера; автоматические стрелочные переводы направления движения транспортного контейнера; перепускные клапана и, при необходимости, станция автоматической сортировки доставленных проб [2, 14, 15].

Все эти устройства при выполнении своих функций должны последовательно выполнять однотипные технологические операции с одинаковым функциональным назначением, что позволяет при их конструировании использовать *агрегатирование* – метод создания и эксплуатации машин и оборудования из отдельных *унифицированных* агрегатов, узлов и деталей, многократно используемых при создании различных изделий на основе геометрической и функциональной взаимозаменяемости. Агрегатирование обеспечивает компоновку создаваемого оборудования разного функционального назначения из отдельных унифицированных агрегатов и узлов. Унифицированные детали, как правило, изготавливаются на заводе-изготовителе конкретного технологического оборудования. Эти унифицированные агрегаты, узлы и детали должны обладать полной взаимозаменяемостью по всем эксплуатационным показателям и присоединительным размерам. Агрегатирование дает возможность уменьшить объем проектно-конструкторских работ, сократить сроки подготовки и освоения производства, снизить трудоемкость изготовления изделий и снизить расходы на ремонтные операции.

В системе автоматической контейнерной доставки проб на анализ в качестве транспортирующего элемента используется транспортный контейнер определенной конструкции, а все технические средства системы контейнерной доставки на анализ представительных проб технологических продуктов обогатительного и металлургического производств для выполнения своих функций используют следующие конструктивные узлы [9]:

- каретки с приемным(и) стаканом(и) (один или два), служащие для приема, отправки, горизонтального перемещения, подачи под загрузку или разгрузку порожнего или груженого транспортного контейнера, а также для вывода транспортного контейнера из системы;

- устройство для вертикального возвратно – поступательного перемещения приемного стакана (порожнего или с транспортным контейнером) в положения «Прием и отправка транспортного контейнера» и «Горизонтальное перемещение транспортного контейнера», «Загрузка контейнера», а также для вывода транспортного контейнера из системы;

- устройство для вертикального возвратно-поступательного перемещения узла разгрузки проб из транспортного контейнера;

- устройство для подачи транспортирующего сжатого воздуха при отправке порожнего или груженого транспортного контейнера;

- устройство для выдачи информационного сигнала о приеме или готовности к отправке транспортного контейнера (порожнего или груженого);

- перепускные клапаны для обеспечения герметизации трассы доставки транспортного контейнера и сброса транспортирующего сжатого воздуха при доставке транспортного контейнера к следующему техническому средству системы.

В качестве исполнительных механизмов во всех этих устройствах для обеспечения возвратно-поступательного перемещения механизмов и отдельных узлов, использована пневматическая аппаратура фирмы КАМОЦЦИ [11], с необходимыми для автоматического управления специализированными устройствами. Основным аргументом в пользу данной аппаратуры явился тот факт, что данная аппаратура производится и эксплуатируется без использования смазочных материалов, обеспечивая охрану окружающей среды и здоровья человека. Кроме того продукция фирмы КАМОЦЦИ предназначена для эксплуатации в потенциально взрывоопасных условиях с высоким содержанием порошковой взвеси или пыли.

Для обеспечения возвратно-поступательного перемещения каретки с приемными стаканами используются бесштоковые двусторонние магнитные цилиндры с демпфированием серии 52 с ходом каретки (1)   100 мм, подшипниками скольжения модели 52G2C32A и с двумя входами подачи питания на обеих крышках (см. рис. 3)

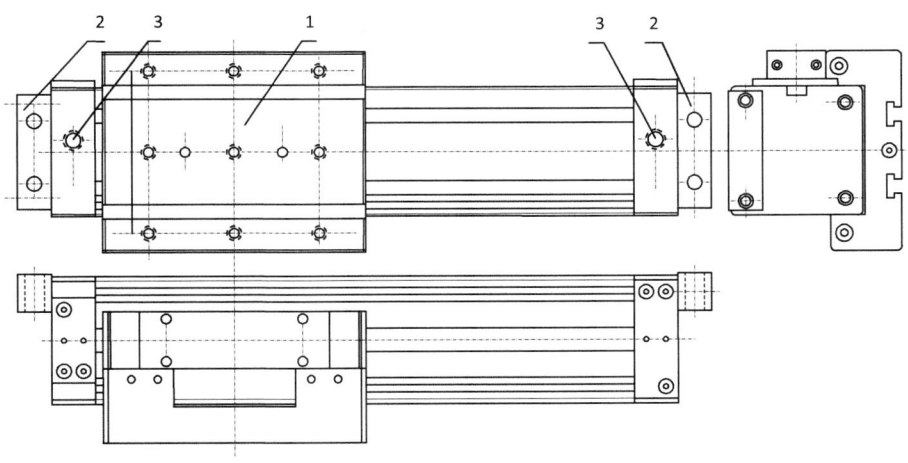

Рис. 3. Бесштоковые двусторонние магнитные цилиндры с демпфированием.

Крепление бесштоковых цилиндров к боковым стенкам технических средств системы контейнерной доставки проб на анализ осуществляется с помощью опорных кронштейнов модели В-52 фирмы КАМОЦЦИ (2). Бесштоковые двусторонние магнитные цилиндры с демпфированием серии 52 обладают следующими преимуществами: компактность, широкий диапазон хода каретки, возможность подвода сжатого воздуха в обе полости с одной стороны (3), простое определение положение поршня с помощью магнитных датчиков, устанавливаемых в пазы корпуса цилиндра.

В системе автоматической контейнерной доставки на анализ представительных проб технологических продуктов используется транспортный контейнер с возможностью автоматической загрузки и выгрузки пробы, конструкция которого приведено на рис. 4.

Транспортный контейнер имеет следующие технологические конструктивные характеристики:

- конструктивное исполнение транспортного контейнера обеспечивает надежную автоматическую доставку, загрузку и разгрузку жидких, пульповых и легко сыпучих твердых продуктов;

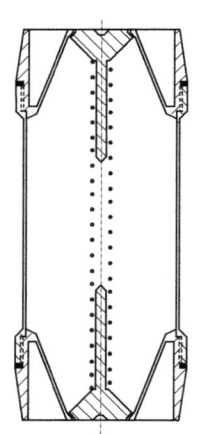

- полость контейнера и механизмы закрытия клапанов обеспечивают свободное и полное опорожнение доставляемой на анализ пробы;

- конструкция транспортного контейнера обеспечивает автоматическую загрузку и разгрузку транспортируемой пробы с обоих концов транспортного контейнера;

Рис. 4. Транспортный контейнер

- конструкция транспортного контейнера доступна для очистки и проверки;

- для обеспечения герметизации клапанов используется уплотнение из кислотостойкой или щелочестойкой резины или полиуретана;

- материал корпуса – титан или нержавеющая сталь.

Для приема и отправки транспортного контейнера, а также для осуществления всех необходимых перемещений транспортного контейнера в устройствах контейнерной доставки проб на анализ используется приемный

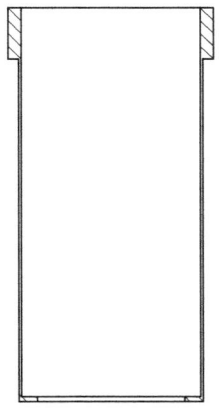

стакан передвижной каретки, обеспечивающий герметизацию трассы доставки транспортного контейнера, горизонтальные и вертикальные перемещения транспортного контейнера внутри этих устройств.

Универсальная конструкция приемного стакана, приведена на рис. 5.

Рис. 5. Приемный стакан.

Верхняя расширенная часть приемного стакана обеспечивает его фиксирование в передвижной каретке, имеющейся во всех устройствах системы контейнерной доставки проб на анализ, а также – герметизацию трассы доставки транспортного контейнера при его отправке к следующему устройству системы доставки проб. Кроме того приемный стакан обеспечивает вертикальное перемещение транспортного контейнера при его загрузке и разгрузке, а также при выводе транспортного контейнера из системы.

В нижней части приемного стакана имеется отверстие, через которое осуществляется автоматическая разгрузка из транспортного контейнера доставленной на анализ пробы, а также осуществляется подача транспортирующего сжатого воздуха при отправке груженого или порожнего транспортного контейнера.

Для обеспечения необходимых горизонтальных и вертикальных перемещений приемного стакана с находящимся в нем транспортным контейнером используются передвижные каретки, конструкция которых зависит от функционального назначения конкретного технического устройства системы контейнерной доставки проб на анализ.

В устройствах загрузки проб в транспортный контейнер и в автоматических стрелочных переводах «Из 4-х в 1» и «Из 1-й в 4» используются передвижные каретки с одним приемным стаканом, а в устройстве разгрузки проб из транспортного контейнера, станции сортировки доставленных проб и в автоматических стрелочных переводах «Из 2-х в 1» и «Из 1-й в 2» используются передвижные каретки с двумя приемными стаканами.

Конструктивное исполнение каретки с одним приемным стаканом, используемой в станции автоматической загрузки пробы в транспортный контейнер, приведено на рис. 6.

В автоматических стрелочных переводах направления движения транспортного контейнера «Из 4-х в 1» и «Из 1-й в 4» также используется каретка с одним приемным стаканом, конструкция которой приведена на рис. 7.

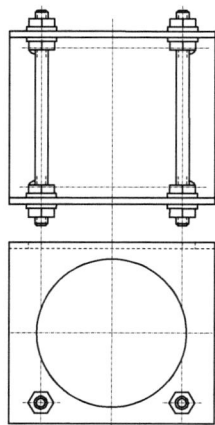

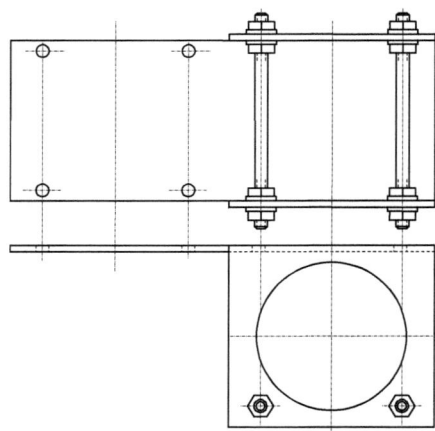

Рис. 6. Каретка станции

Рис. 7. Каретка автоматических стрелочных переводов «Из 4-х в 1» и «Из 1-й в 4».

На рис. 8 приведена конструкция каретки с двумя приемными стаканами, которая используется в станции автоматической разгрузки доставленной пробы из транспортного контейнера, автоматических стрелочных переводах направления движения транспортного контейнера «Из 2-х в 1» и «Из 1-й в 2» и в станции автоматической сортировки доставленных проб.

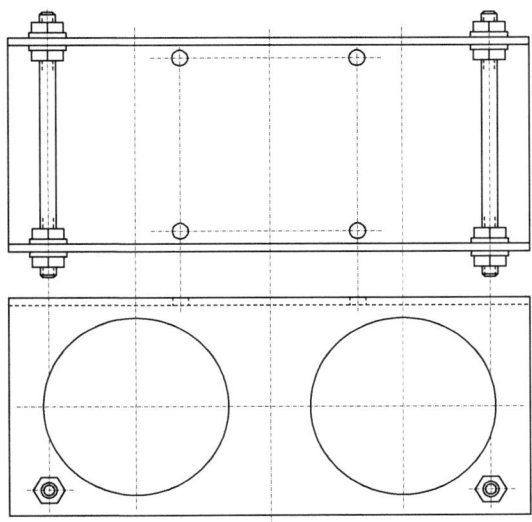

Рис. 8. Каретка станции разгрузки пробы, станции сортировки проб и стрелочного перевода «Из 2-х в 1» и «Из 1-й в 2».

Для обеспечения вертикального возвратно - поступательного перемещение приемного стакана при приеме и отправке контейнера, при выводе контейнера из системы, при загрузке пробы в контейнер, при разгрузке в станцию автоматической сортировки доставленной пробы используется компактный магнитный цилиндр серии 31 модели 31M2A032A050 с ходом цилиндра 50 мм (1) в комплекте с передним фланцем модели D-E-31-32 (2) фирмы КАМОЦЦИ, отличающиеся компактностью и высокой радиальной жесткостью (см. рис. 9).

Наружная резьба (M10 x 1,25) на штоке цилиндра используется для присоединения рабочих органов устройств: вертикального перемещения приемного стакана, подачи транспортирующего сжатого воздуха и разгрузки транспортного контейнера.

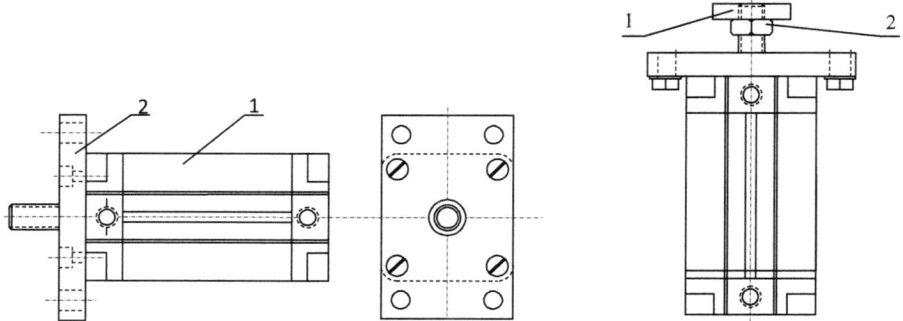

Рис. 9. Компактный магнитный цилиндр с передним фланцем.

Рис. 10. Механизм вертикального перемещения контейнера.

Для вертикального перемещения транспортного контейнера в станции автоматической загрузки пробы в транспортный контейнер, в станции автоматической разгрузки доставленной пробы из транспортного контейнера и при выводе транспортного контейнера из системы на шток компактного магнитного цилиндра навинчивается металлический диск (1), который фиксируется контргайкой (2) (см. рис. 10).

Конструктивное исполнение устройства подачи транспортирующего сжатого воздуха, используемого в станциях загрузки и разгрузки проб и в автоматических стрелочных переводах, приведено на рис. 11. Для подачи транспортирующего сжатого воздуха используется гибкий шланг, выдерживающий высокое (до 10 атм.) давление.

Для получения информационного сигнала о доставке транспортного контейнера к следующему технологическому оборудованию системы контейнерной доставки проб на анализ и о готовности к отправке транспортного контейнера на магистральном транспортном трубопроводе непосредственно перед каждым технологическим оборудованием устанавливается специальное устройство с индукционным датчиком (1), конструкция которого представлена на рис. 12.

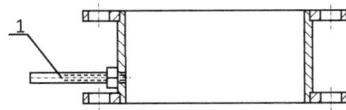

Рис. 12. Датчик присутствия
транспортного контейнера.

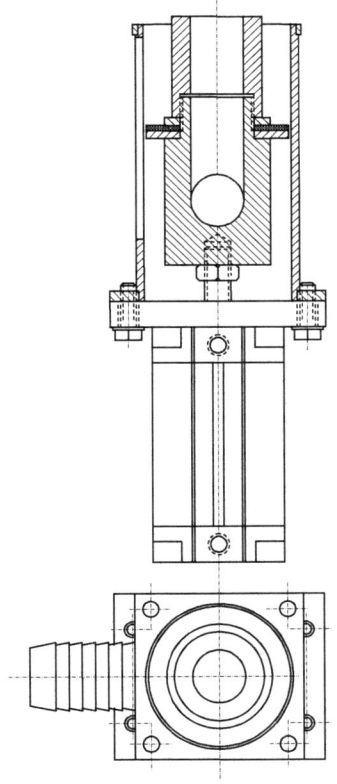

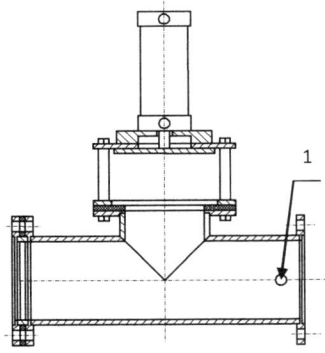

Рис. 13. Перепускной клапан.
Положение – клапан открыт.

Рис. 11. Узел подачи транспортирующего
сжатого воздуха.

Для обеспечения надежной и комфортной доставки транспортного контейнера от одного технологического оборудования системы контейнерной доставки проб на анализ к другому на каждом участке транспортного трубопровода непосредственно у каждого технологического оборудования устанавливается перепускной клапан, обеспечивающий герметизацию трассы доставки транспортного контейнера и сброс в атмосферу транспортирующего сжатого воздуха при доставке транспортного контейнера к месту назначения. Перепускной клапан изготавливается из трубы, используемой в транспортном трубопроводе.

Конструкция перепускного клапана приведена на рис. 13 и обеспечивает свободный сброс в атмосферу транспортирующего сжатого воздуха. В процессе доставки пробы на анализ перепускной клапан, расположенный в непосредственной близости к устройству, из которого отправляется транспортный контейнер, должен быть закрыт, а перепускной клапан, расположенный в непосредственной близости к устройству, в которое отправляется транспортный контейнер, должен быть открыт. На каждом перепускном клапане устанавливается датчик (1), при подходе к которому транспортного контейнера выдается сигнал на отключение подачи транспортирующего сжатого воздуха.

Эти унифицированные узлы и детали использованы при создании всех устройств системы контейнерной доставки проб на анализ и обеспечивают полную взаимозаменяемость используемых узлов и простоту технического обслуживания системы.

6. Параметрическое моделирование устройств
системы автоматической контейнерной доставки
проб на анализ.

Известно, что необходимую для оптимального управления непрерывными и дискретно – непрерывными технологическими процессами во всех отраслях промышленности аналитическая информация о составе исходного сырья, промежуточных продуктов, готовой продукции и отвальных хвостов получают в автоматизированных системах аналитического контроля (АСАК) [1]. Основной подсистемой АСАК с точки зрения возможного влияния на сокращение времени, затрачиваемого на отбор представительной пробы, её доставки и подготовки к инструментальному анализу, является подсистема автоматической доставки проб на анализ. В настоящее время достаточно широко распространены системы контейнерной и бесконтейнерной доставки проб на анализ. Обе эти системы имеют свои существенные преимущества и отдельные недостатки. Однако наибольшее распространение получила контейнерная система доставки проб на анализ [2], обладающая такими бесспорными преимуществами как:

- универсальность (возможность доставки жидких, пульповых или легко сыпучих твердых продуктов),

- высокие (до 20 м/с) скорости доставки проб,

- практически любая конфигурация трасс доставки проб на анализ,

- простота и универсальность систем управления составлением маршрутов доставки проб,

- возможность автоматической технической диагностики состояния всех технических средств системы,

- простота обслуживания технических средств системы.

Любая система контейнерной доставки проб на анализ включает в себя:

- транспортный контейнер, обеспечивающий автоматическую загрузку и разгрузку доставляемой на анализ пробы;

- станцию автоматической загрузки проб в транспортный контейнер, обеспечивающую прием порожнего транспортного контейнера, его загрузку дозированным объемом усредненной пробы и отправку груженого транспортного контейнера на анализ;

- станцию автоматической разгрузки пробы из транспортного контейнера, обеспечивающую прием груженого транспортного контейнера, автоматическую разгрузку доставленной пробы в специальные лотки, очистку (при необходимости) полости транспортного контейнера от остатков доставленной пробы, возврат к месту отбора пробу порожнего (и очищенного) транспортного контейнера;

- автоматический распределитель доставленных проб (когда в транспортном контейнере, отправляемом из одной станции загрузки проб, отправляются одноименные продукты отобранные из разных технологических агрегатов, работающих параллельно);

- систему транспортных трубопроводов доставки проб на анализ и возврата порожних транспортных контейнеров;

- автоматические стрелочные переводы, обеспечивающие автоматический перевод движущегося транспортного контейнера из нескольких транспортных трубопроводов в один транспортный трубопроводов и из одного транспортного трубопровода в несколько транспортных трубопроводов;

- автоматические перепускные клапаны, обеспечивающие герметизацию трассы доставки движущегося транспортного контейнера, автоматический сброс в атмосферу транспортирующего сжатого воздуха после доставки транспортного контейнера к месту назначения.

В предыдущей статье нами были рассмотрены вопросы параметрического моделирования узлов и деталей, являющихся основой при конструировании устройств системы автоматической контейнерной доставки проб на анализ. Один из возможных вариантов такой системы приведен на рис. 14. В приведенной схеме использованы следующие обозначения:

Оборудование для автоматического отбора разовых проб:

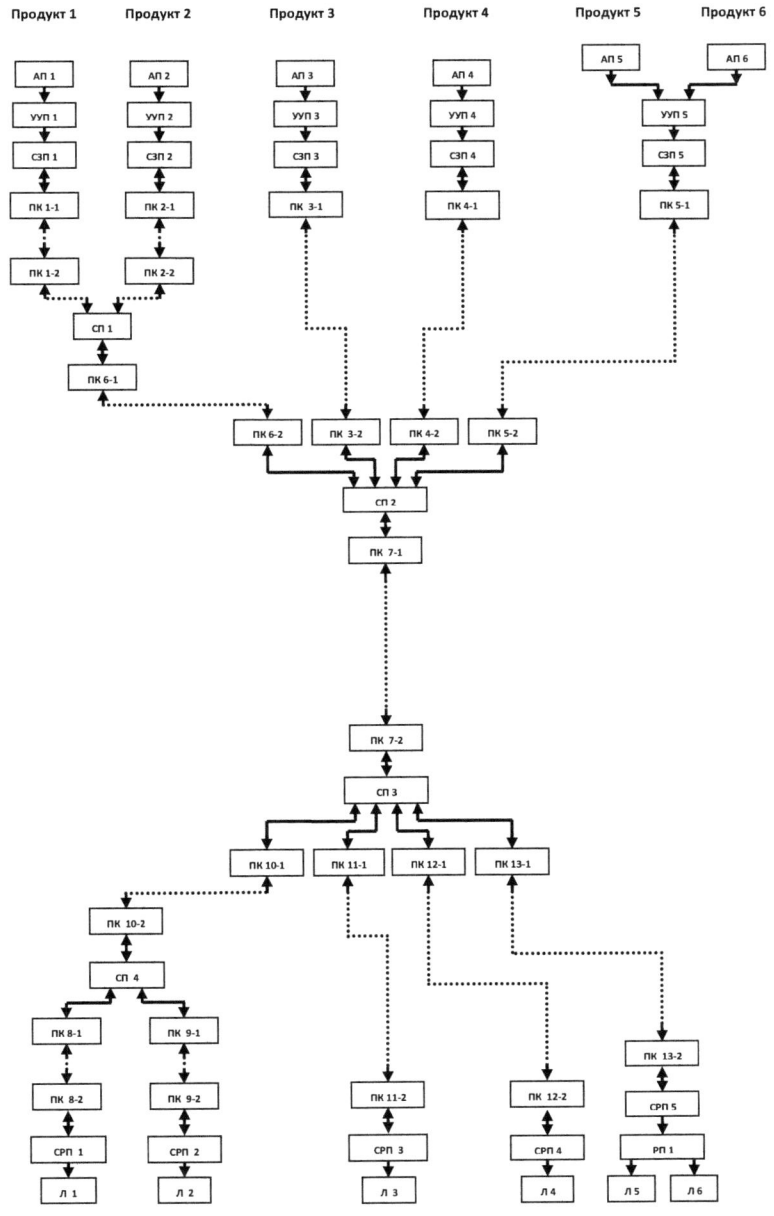

Рис. 14. Условная структурная схема автоматической системы отбора и пневматической доставки проб на анализ.

- АП – автоматические пробоотборники, обеспечивающие отбор представительных разовых проб с регулируемой дискретностью. Каждая разовая проба направляется в устройство пропорционального сокращения и затем передается в устройство усреднения разовых проб.

- УУП – устройства усреднения разовых проб, обеспечивающие автоматическое усреднение последовательно отобранных в заданный отрезок времени разовых проб и дозирование усредненной пробы, которая передается в систему контейнерной доставки проб на анализ.

Управление работой автоматических пробоотборников (АП) и устройств усреднения разовых проб (УУП) осуществляется от собственного блока управления, устанавливаемого в непосредственной близости от автоматического пробоотборника.

Оборудование контейнерной системы пневмотранспорта проб на анализ:

- СЗП – станция автоматической загрузки проб в транспортный контейнер;

- ПК – перепускной клапан;

- СП 1 и СП 4 – универсальные автоматические стрелочные переводы «Из 2-х в 1» и «Из 1 в 2-е»;

- СП 2 и СП 3 – универсальные автоматические стрелочные переводы «Из 4-х в 1» и «Из 1 в 4-е»;

- СРП – станция автоматической разгрузки проб из транспортного контейнера;

- РП – автоматический распределитель проб;

- Л –специальный приемный лоток для доставленных проб.

Автоматическое управление оборудованием контейнерной системы пневмотранспорта проб на анализ осуществляется от микропроцессорной системы управления, работающей в режиме реального времени.

По данной схеме предполагается, что пробы необходимо отбирать в двух, территориально размещенных отдельно, цехах (пробы 1 и 2 в одном цехе, а пробы 3, 4, 5 и 6 – в другом). Причем пробы 5 и 6 относятся к одному технологическому продукту, но отбираются из разных однотипных технологических агрегатов, работающих поочередно.

Как видно из рассматриваемой структурной схемы в системе отбора и пневматической доставки проб на анализ используется довольно большое количество однотипного оборудования:

- 5 станций автоматической загрузки проб в транспортный контейнер;

- 5 станций автоматической разгрузки проб из транспортного контейнера;

- 26 перепускных клапана;

- 2 универсальных автоматических стрелочных переводов «Из 2-х в 1» и «Из 1 в 2-е»;

- 2 универсальных автоматических стрелочных переводов «Из 4-х в 1» и «Из 1 в 4-е»;

- один автоматический распределитель проб;

- 6 приемных лотков для доставляемых на анализ проб.

Эти данные убедительно говорят о том, что существует прямая необходимость и целесообразность в проведении исследований с целью оптимизации создаваемых конструкций устройств системы автоматической контейнерной доставки проб на анализ.

Для этих целей целесообразно использовать метод агрегатирования с применением ранее разработанных унифицированных узлов и деталей. Кроме того в создаваемых устройствах системы автоматической контейнерной доставки проб на анализ используется ограниченный набор покупного оборудования.

Разработанная конструкция станции автоматической загрузки проб в транспортный контейнер с учетом всех перечисленных выше положений приведена на рис.15.

В данной конструкции использованы следующие унифицированные узлы и детали:

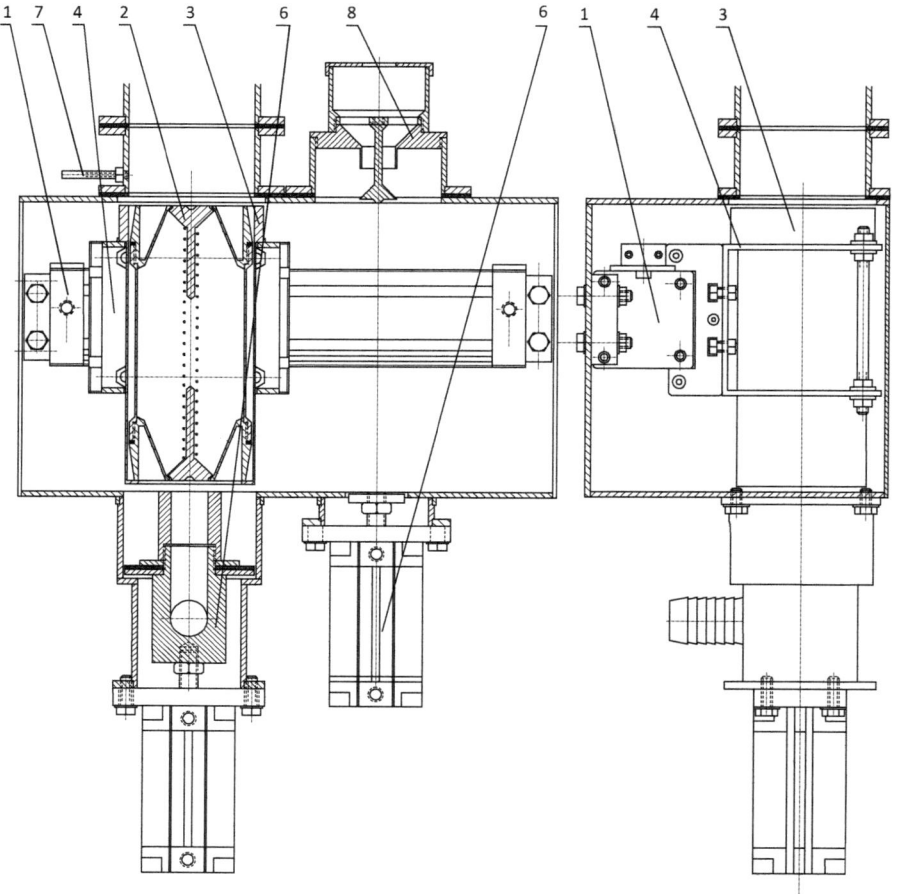

Рис. 15. *Станция автоматической загрузки проб в транспортный контейнер.*

1 - Бесштоковый двусторонний магнитный цилиндр с демпфированием фирмы КАМОЦЦИ .

2 – Транспортный контейнер.

3 – Приемный стакан.

4 – Каретка.

5 - Механизм вертикального перемещения транспортного контейнера.

6 - Узел подачи транспортирующего сжатого воздуха.

7 - Датчик присутствия транспортного контейнера.

Кроме перечисленных унифицированных узлов и деталей в конструкции станции загрузки проб в транспортный контейнер установлен узел загрузки проб в транспортный контейнер (8), обеспечивающий при подъеме вверх транспортного контейнера полное открытие его загрузочного клапана и загрузку в транспортный контейнер дозированного объема усредненной пробы. При переводе загруженного транспортного контейнера в исходное положение загрузочный клапан герметизирует его полость.

Станция автоматической разгрузки проб из транспортного контейнера (см. рис. 16) также разработана с учетом перечисленных выше положений.

В данной конструкции использованы следующие унифицированные узлы и детали:

1 - Бесштоковый двусторонний магнитный цилиндр с демпфированием фирмы КАМОЦЦИ .

2 – Транспортный контейнер.

3 – Приемный стакан – 2 шт.

4 – Каретка.

5 - Механизм вертикального перемещения транспортного контейнера.

 6 - Узел подачи транспортирующего сжатого воздуха.

7 - Датчик присутствия транспортного контейнера.

Кроме перечисленных унифицированных узлов и деталей в конструкции станции разгрузки проб из транспортного контейнера установлен узел разгрузки проб из транспортного контейнера (8), обеспечивающий при подъеме вверх транспортного контейнера полное открытие его разгрузочного клапана и разгрузку из транспортного контейнера доставленной на анализ усредненной пробы. При переводе загруженного транспортного контейнера в исходное положение разгрузочный клапан герметизирует его полость. Кроме функции разгрузки доставленной на анализ усредненной пробы в станции разгрузки проб предусмотрена возможность вывода из системы транспортного контейнера и ввода в систему нового транспортного контейнера.

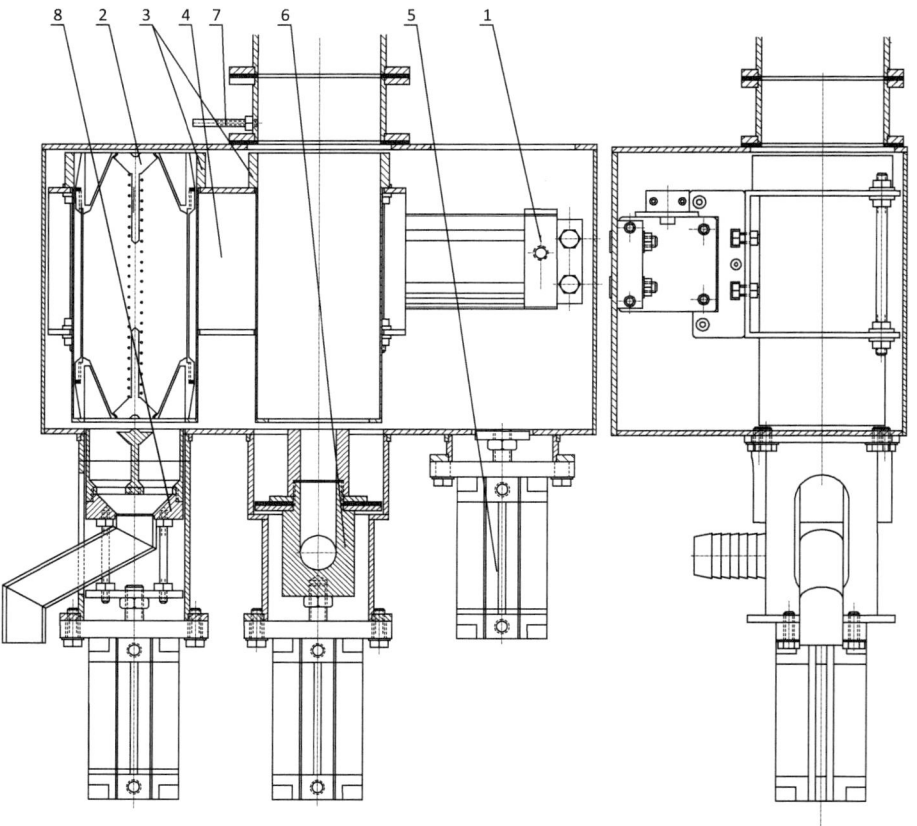

Рис. 16. Станция автоматической разгрузки проб из транспортного контейнера.

Универсальный автоматический стрелочный перевод «Из 2-х в 1» и «Из 1 в 2-е», конструкция которого представлена на рис. 17, также использует ряд унифицированных узлов и деталей.

В данной конструкции использованы следующие унифицированные узлы и детали:

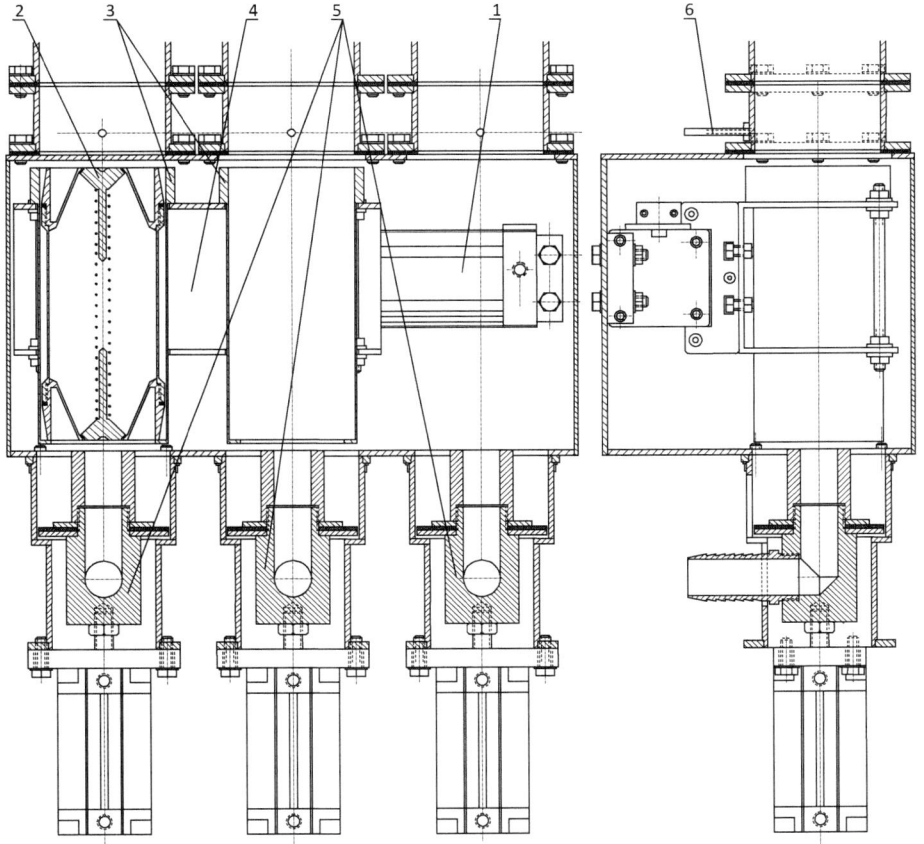

Рис. 17. Универсальный автоматический стрелочный перевод «Из 2-х в 1» и «Из 1-й в 2».

1 - Бесштоковый двусторонний магнитный цилиндр с демпфированием фирмы КАМОЦЦИ .

2 – Транспортный контейнер.

3 – Приемный стакан – 2 шт.

4 – Каретка.

5 - Узел подачи транспортирующего сжатого воздуха – 3 шт.

6 - Датчик присутствия транспортного контейнера – 3 шт.

Универсальный автоматический стрелочный перевод «Из 4-х в 1» и «Из 1 в 4-е», конструкция которого представлена на рис. 18, использует следующие унифицированные узлы и детали:

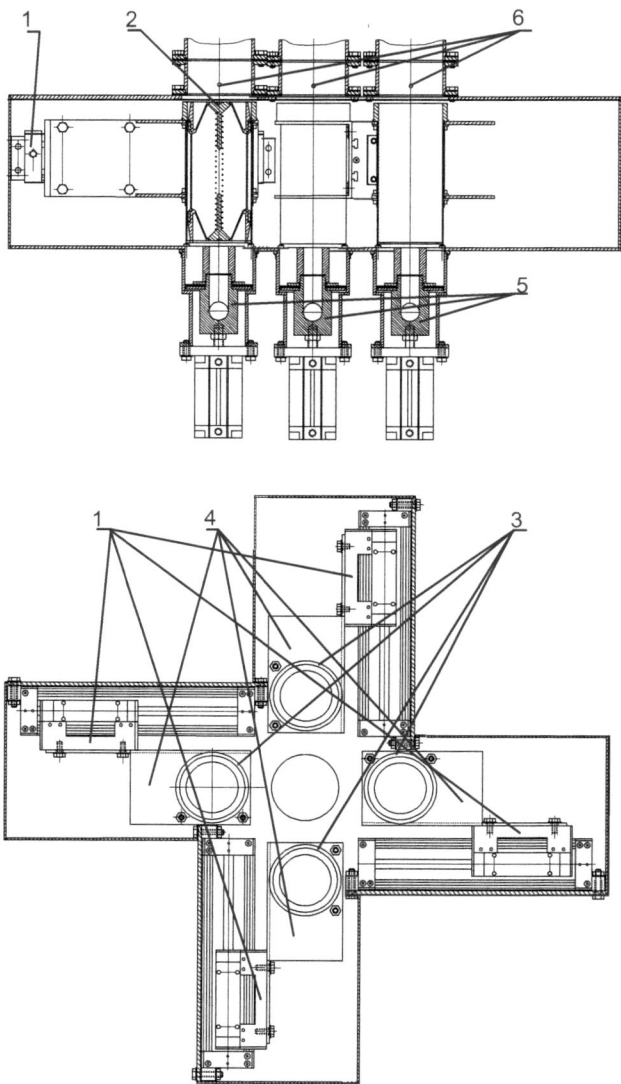

Рис. 18. Универсальный автоматический стрелочный перевод «Из 4-х в 1» и «Из 1 в 4-е».

54

1 - Бесштоковый двусторонний магнитный цилиндр с демпфированием фирмы КАМОЦЦИ - 4 шт.

2 – Транспортный контейнер.

3 – Приемный стакан – 4 шт.

4 – Каретка – 4 шт.

5 - Узел подачи транспортирующего сжатого воздуха – 5 шт.

6 - Датчик присутствия транспортного контейнера – 5 шт.

Конструкция автоматического распределителя проб приведена (см. рис. 19) обеспечивает прием доставляемых одноименных проб, но отбираемых из двух технологических агрегатов, использует следующие унифицированные узлы и детали:

1 - Бесштоковый двусторонний магнитный цилиндр с демпфированием фирмы КАМОЦЦИ .

2 – Каретка.

3 - Лотки для доставляемых проб.

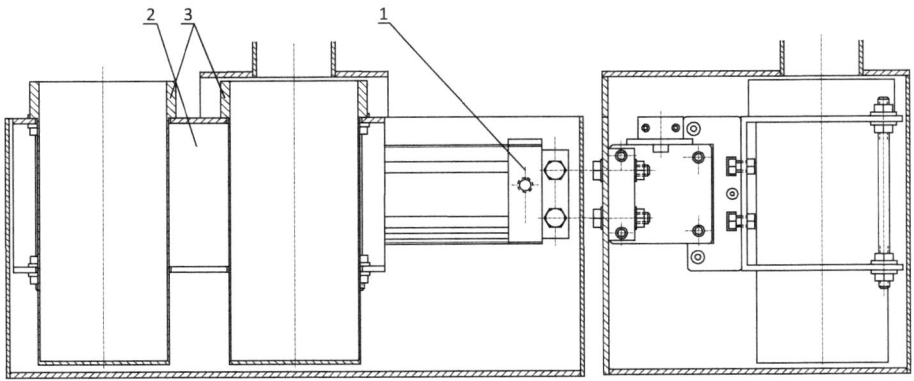

Рис. 19. Автоматический распределитель проб.

Конструкция приемных лотков аналогична конструкции приемных стаканов с той разницей, что у приемных лотков дно сплошное, т.е. не имеет отверстия.

Оценка уровня унификации создаваемого изделия базируется на использовании следующей формулы [3]:

$$K_y = \frac{N - N_0}{N} 100\%,\qquad\qquad (1)$$

где: N – общее количество используемых узлов в создаваемом изделии;

N₀ – количество оригинальных узлов в создаваемом изделии.

Результаты расчета уровня унификации разработанных устройств системы автоматической контейнерной доставки проб на анализ (без учета корпусных деталей устройств – крышки, дна и боковых стенок) сведены в таблицу 1.

Таблица 1.

Результаты расчета уровня унификации
устройств системы контейнерной доставки проб на анализ

№ п/п	Устройство системы	Общее количество используемых узлов в изделии	Количество оригинальных узлов в изделии	Коэффициент уровня унификации изделия
1	Станция загрузки проб в контейнер	8	1	87,5%
2	Станция разгрузки проб из контейнера	9	1	88,9%
3	Стрелочный перевод «Из 2-х в 1» и «Из 1 в 2-е»	11	0	100%
4	Стрелочный перевод «Из 4-х в 1» и «Из 1 в 4-е»	23	0	100%
5	Распределитель проб	4	0	100%

Необходимо отметить, что отверстия на крышке и дне каждого устройства, а также все присоединительные размеры для установки унифицированных узлов устройств системы автоматической контейнерной доставки проб на анализ также унифицированы.

Заключение.

В данной монографии рассмотрены основные вопросы теории и практики автоматического технологического проектирования систем автоматического отбора и контейнерной доставки усредненных технологических проб на анализ.

Внедрение этих систем самостоятельно или в составе автоматизированных систем аналитического контроля (АСАК) на любом предприятии значительно улучшает культуру производства и обеспечивает автоматизированные системы управления (АСУ) технологическими процессами (АСУ ТП) и производствами (АСУ П) своевременной и достоверной аналитической информацией и тем самым способствует повышению количественных и особенно качественных показателей производства.

Использование методов автоматического технологического проектирования систем отбора и доставки проб на анализ позволяет существенно сократить сроки разработки, изготовления и внедрения в производство АСАК и АСУ. Кроме того значительно сокращаются затраты на техническое обслуживание и ремонт этих систем.

Литература:

1. И.И.Брегман, В.В.Хмара, Ю.А.Голант, Ю.А. Нефедьев, А.Ф.Оголь Автоматизированная система аналитического контроля (АСАК) металлургических предприятий цветной металлургии // М., Цветметинформация, 1984, 60с.

2. Плеханов Ю.В., Хмара В.В. Современная концепция автоматизированных систем аналитического контроля обогатительных фабрик // Материалы IV Конгресса обогатителей стран СНГ, том II, М.: Альтекс. 2003., С.38 – 40.

3. Овчаренко Е.Я, Системно – информационный подход к опробованию материалов при создании АСУ // Цветные металлы, 1976. № 1, С. 73 – 77.

4. ГОСТ 14180 – 69 «Руды и концентраты цветных металлов. Отбор и подготовка проб для химического анализа».

5. Карпов Ю.А., Гильберт Э.Н. Аналитический контроль в цветной металлургии. Журнал Всесоюзного химического общества им. Д.И.Менделеева. – 1980 –Т.XXV. - №6 –С. 669 – 673.

6. Хмара В.В., Брегман И.И., Рульнова А.З. Оптимизация структуры, состава технических средств и алгоритмов функционирования автоматизированных систем аналитического контроля металлургических предприятий // М., Цветметинформация, 1989. 28с.

7. В.И.Гудима, Ю.Ф.Прокш, А.С.Кузема «Современные средства пробоотбора в процессах обогащения», М, Цветметинформация, 1986 – 28 С.

8. Монография: «Система бесконтейнерной доставки проб на анализ. Основы, принципы построения, конструкция, алгоритм функционирования». Валерий Хмара (ред), Юрий Лобоцкий. Lambert Academic Publishing. 2013 г. ISBN: 978–3-659–39689–2. С. 104.

9. Монография: «Универсальная контейнерная система пневмотранспорта проб на анализ. Основы, принципы построения, конструкция, алгоритмы функционирования». Валерий Хмара. Lambert Academic Publishing. 2012 г. ISBN: 978–3-8433–6602–1. С. 89.

10. Комплекс типовых технических средств для АСАК металлургического производства / *Брегман И.И., Хмара В.В.* М. Цветметинформация,1989. - 44 с.

11. КАМОЦЦИ. Большой каталог. Пневматическая аппаратура. 2011 – 2012.

12. Вороненко В.П. Проектирование машиностроительного производства: учебник для вузов [Текст] / В.П.Вороненко, Ю.М.Соломенцев, А.Г.схиртладзе; под ред. чл.-корр. РАН Ю.М.Соломенцева. – 2-е изд., стереотип. – М.:Дрофа, 2006. – 380с.

13. Норенков И.П. Основы автоматизированного проектирования [Текст]: 4-е изд. /И.П.Норенков – М.: Изд-во МГТУ им. Н.Э.Баумана, 2009.-430с.

14. Брегман И.И., Хмара В.В. «Комплекс типовых технических средств для АСАК Металлургического производства», М, Недра, 1983. 104с.

15. Лобоцкий Ю.Г., Хмара В.В. О проблемах автоматического отбора и доставки на анализ проб продуктов обогатительного и металлургического производства // Устойчивое развитие горных территорий, 2013, №4, С 44 – 49.

16. Димов Ю.В. «Метрология, стандартизация и сертификация». Учебник для студентов ВУЗов. С-Пб: Питер, 2005 г.

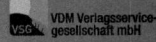